儿童编程思维训练书

玩转编程逻辑

[意] 阿尔贝托·贝尔托拉齐/文
[意] 萨科 [意] 瓦拉利诺/图
史晟辉 郭畅/译

北京时代华文书局

目录

计算机的语言

程序是一种语言，就像我们在学校时，能让我们和朋友聊天的语言一样。

程序让我们可以和智能手机、平板电脑聊天，也可以与电视、冰箱、汽车交流。

我们平时交流使用的语言和计算机语言有什么共同点呢？让我们一起在这本书中寻找答案吧！

特别感谢斯马特和罗博给出的游戏，以及对编程的指导。

在这本书中，需要大人帮助小读者理解这些游戏及玩法。

书中的这些游戏，都是可以和朋友一起玩的简单游戏，通常只需要准备铅笔和纸，偶尔也需要剪刀。

在这本书的结尾部分，斯马特和罗博将向我们介绍一位新朋友：Scratch猫。这是一只知道更多电脑程序的猫。

语言的规则

我们平时说的语言有我们必须遵守的规则。如果我们不遵守规则，别人就不会理解我们在说什么。

例如，当你走进一家商店时，你说：“**您好，我能要一个2斤的火腿吗？**”你说的话没有任何问题，所以店主明白了你的意思。

但如果你用同样的词，换个语序说：“**火腿，2斤的我能要一个您好吗？**”店主可能会茫然地盯着你看。

或者你保持相同的词序，但改变标点、代词和介词，会是什么样？“**您好，能把2斤给火腿吗！**”店主肯定会认为你疯了……

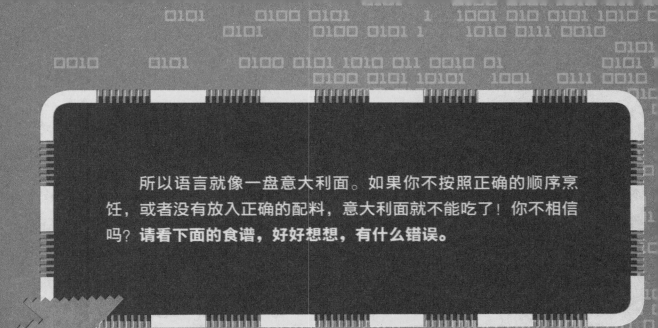

所以语言就像一盘意大利面。如果你不按照正确的顺序烹饪，或者没有放入正确的配料，意大利面就不能吃了！你不相信吗？**请看下面的食谱，好好想想，有什么错误。**

西红柿意大利面

准备香蕉，
用叉子把它们
捣碎直到顺滑。
然后取200克意大利面
和香蕉混合。
把平底锅放在火上，
如果热了，放一点水，
加入意大利面和香蕉。
一分钟后，沥干水，
盛在盘子里。
别忘了芝士干酪！

让我们一起分类吧！

文字和标点是语言的“组成成分”，你能正确地将它们分类吗？

请将下面这堆卡片上的词或标点写在相应的容器里。如果你在学校没学过语法，就请大人来帮你！

数字的规则

我们每天都在使用另一种语言——数字语言。

每种运算符号都会有不同的答案：

数字也有规则，
没有规则就没法用！

3+3=6

3×3=9

3-3=0

3÷3=1

不仅如此，和文字一样，操作符号的顺序也很重要，比如：

(3+3)×2=12

不同于

3+(3×2)=9

让我们一起玩个游戏，来看看我们是否知道数字的主要规则。请把下面的题都计算出来。答案会告诉你用什么颜色给图片中的区域上色。

1–黑色
2–红色
3–黄色
4–蓝色
5–绿色

让我们一起拼数字吧！

我给大家介绍一款教我们如何使用序列和规则的游戏——填字游戏，又叫作字谜。

字谜的玩法是：每一行或一列填写一个词语，两个词语相交的地方，表示两个词语含有相同的字。

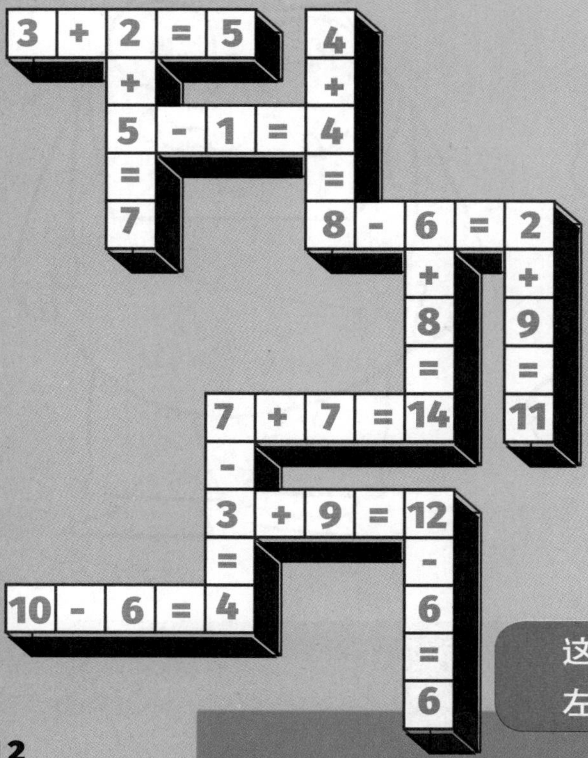

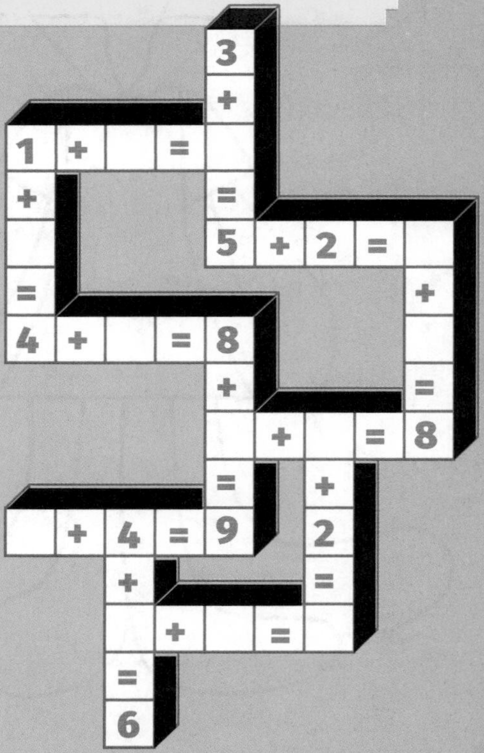

这个游戏难吗？试着完成数字字谜。
左边的红色字谜是示例。

一点也不难，而且数字游戏比文字游戏更简单。我们玩的数字游戏，也可称为交叉数字字谜，又叫作数字字谜。

现在你已经明白了它的玩法，那就试试设计下面的字谜，并让你的小伙伴写出正确的答案 。

天平游戏

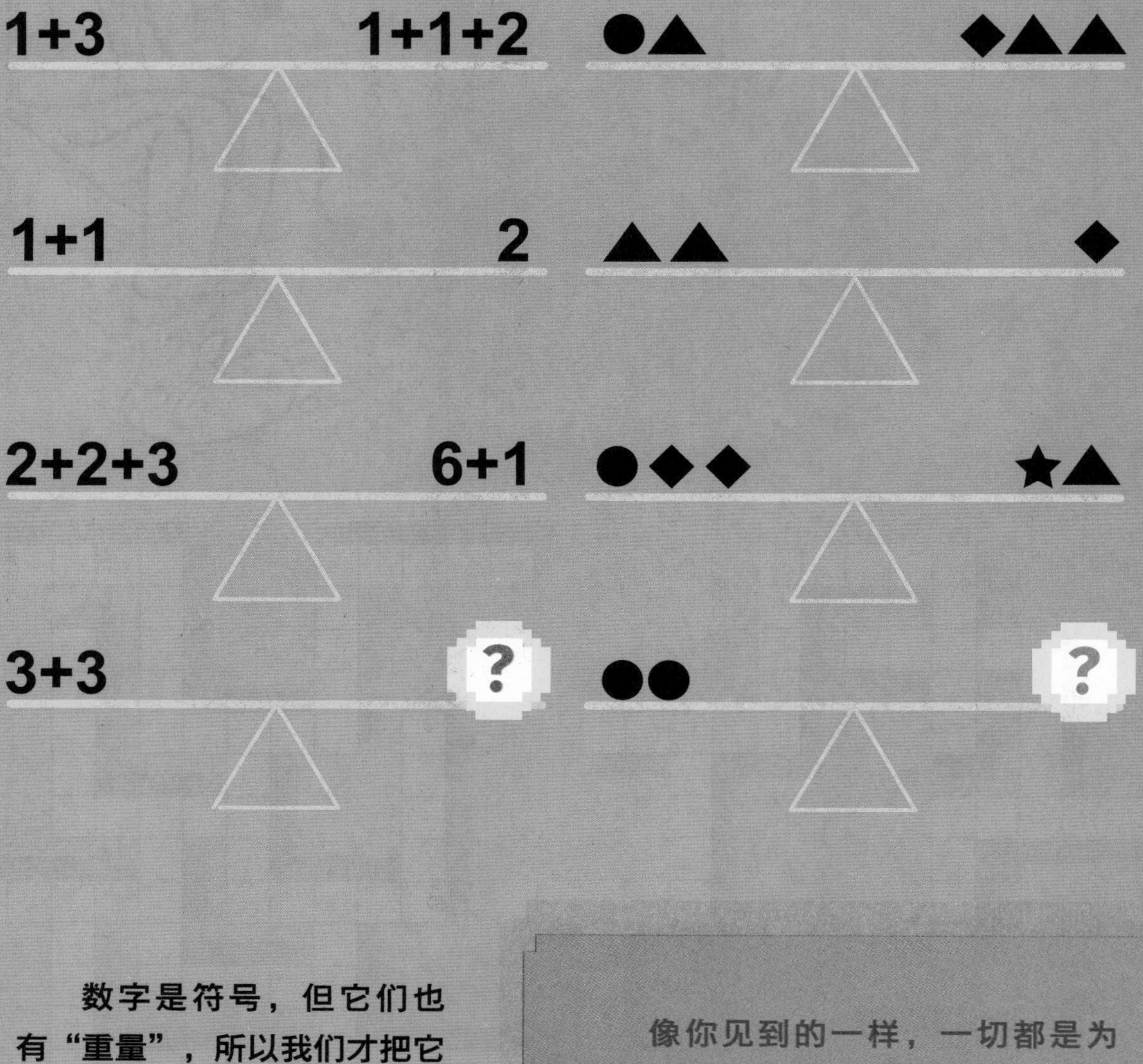

数字是符号，但它们也有“重量”，所以我们才把它们放在天平上！

像你见到的一样，一切都是为了“平等”。也就是说，左边与右边的运算得出的数字相等。试一试，你能找到正确的数字代替绿色问号吗？

数字也可以被其他符号代替，并且仍然保持其“重量”。这看起来很神奇吧。请看看符号天平，你能猜出用哪个符号代替红色问号吗?

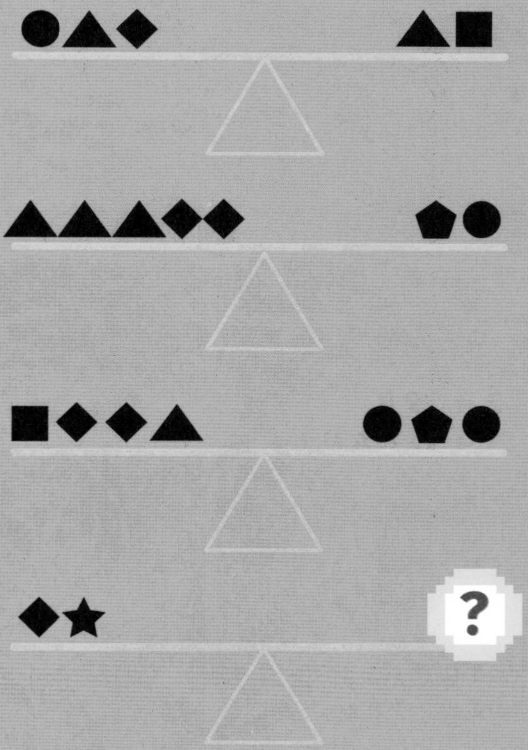

如果你懂了，那真是太棒了。现在你知道数字是怎么工作的，也知道如何用符号替换它们。再来做一个游戏，你能找到代替蓝色问号的符号吗?

颜色和数字表示的像素艺术！

1 → 29 B
2 → 29 B
3 → 12 B 4 N 13 B
4 ....
5 ....
6 ....
7 ....
8 ....
9 ....
10 ....
11 ....
12 ....
13 ....
14 ....
15 ....
16 ....
17 ....
18 ....
19 ....
20 ....
21 ....
22 ....
23 ....
24 ....
25 ....
26 ....
27 ....
28 ....
29 ....

把电脑当作朋友！

像素艺术就是在小正方形（像素）中去画画！

罗博和**斯马特**现在已经知道很多知识，可以写像素艺术的程序了。

罗博看了看想复制的画：电影里的一个著名的机器人！它拿出一张纸，写下一堆指令，就像左边那样。斯马特没有看到原图，但也能够按照罗博的纸上指令复制原图。很酷，不是吗？

你也可以这么做。仔细看下边的画。

下面的网格有29行，每一行有29个小正方形。请拿出一张纸，把从1到29的数字写出来。在每个数字旁边，像罗博那样为网格的相应行编写指令。

例如，请看图中第1行和第2行，要从左边开始，将所有的正方形涂成白色，所以指令为“29B”。

第3行，要从左边开始，把12个正方形涂成白色，接下来4个黑色，其余的13个涂成白色，指令为“12B4N13B”。其他行的写法照此类推。

完成后，将你写的指令纸交给计算机，它会在另一张纸上绘制一个29x29的网格。你会发现计算机没有看到图纸，却能正确地为方块上色，这要感谢你写的“程序”！

计算机的数字：二进制系统

计算机并不使用我们知道的所有数字：0、1、2、3、4、5、6、7、8、9。它只使用其中的两个，就是0和1，却可以通过不同的方式将它们组合在一起表示所有的数字。

计算机只使用**0**和**1**，而不需要其他数字，就可以执行我们需要的所有操作。

0
1
10
11
100
101
110
111
1000
1001

二进制系统，就是“基于两个数字（0和1）的计算方法”。

而我们人类使用的是十进制系统，也就是说这是“基于十个数字（0、1、2、3、4、5、6、7、8、9）的计算方法”。

0
1
2
3
4
5
6
7
8
9

0和1

我们已经知道计算机只使用两个数字来计数：**0**和**1**。在朋友们的帮助下，我们一起来熟悉这些符号吧！

斯马特和罗博必须穿过这两个迷宫，目标是到达出口。

请注意以下规则：

当你遇到红色的0，这里不能通过；当你遇到绿色的1，这里可以通过。

编码和解码

编码就是编写程序。
嗯……那是什么意思？

每当我们把一个词或一个句子转换成其他表达方式时，例如，当我们把一篇演讲稿翻译成另一种语言，就相当于在编写一个程序。但如果我们不知道编程的规则，结果很难让人明白。

斯马特和罗博决定写个程序。

斯马特写了一句话：

+2 K JCXG C NQV QH HWP YKVJ TQD

罗博写了这句话：

19,13,1,18,20 1,14,4 9 1,18,5 6,18,9,5,14,4,19

你能明白他们写了什么吗？

他们用什么方法来编码？

斯马特给了我们一个提示来说明他的编码规则：

+2表示对于每个字母，都用该字母往前数的第2个字母代替该字母。例如，他写的C，实际上用A来代替；他写的T，用R来代替。

而罗博的编码规则是，用字母来替换数字。所以如果他写数字1，就用字母A来代替；数字2用字母B来代替，以此类推。

答案

斯马特写道：

I HAVE A LOT OF FUN WITH ROB.（我和罗博玩得很开心）

罗博写道：

SMART AND I ARE FRIENDS.（斯马特和我是朋友）

你为什么不试着用斯马特和罗博的规则来编码呢？编写一个简单的短语，然后给朋友们看看。如果他们一头雾水，你的编码就很成功！

制作解码器！

你知道什么是解码器吗？

它是一种用来给单词编码和解码的工具！

它是如何工作的？

你需要做的就是任意转动圆盘的蓝色部分。这时，把外部红色部分的每个字母，用蓝色部分对应的字母来代替。例如：对照下面的圆盘解码器，你会发现HELLO这个词变成了MZWWG。

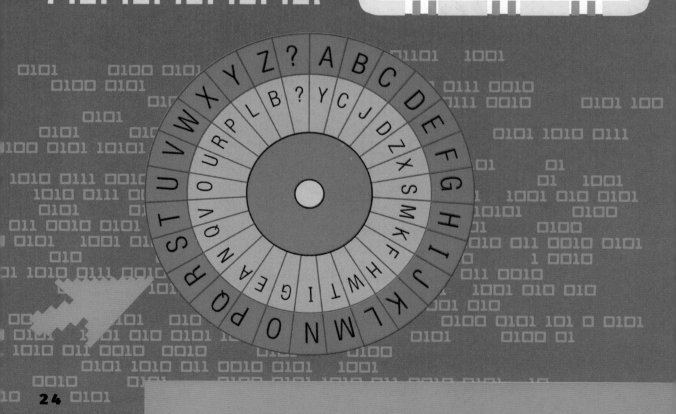

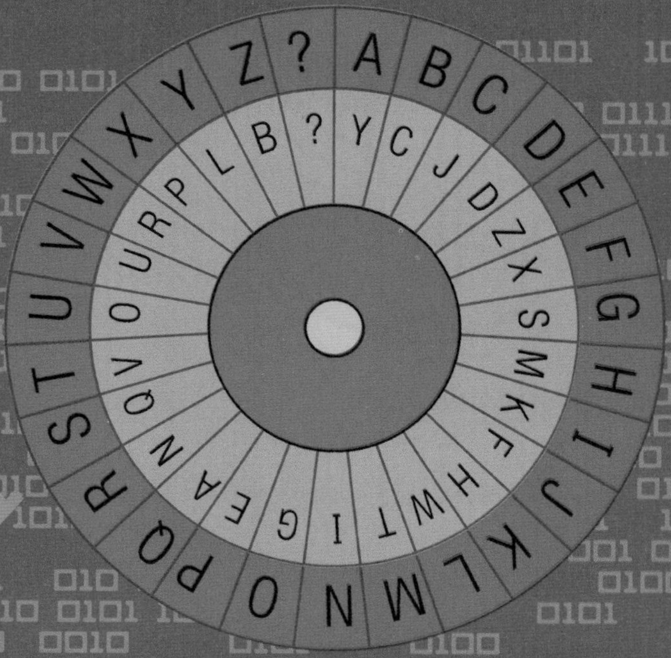

怎么做一个解码器呢？

用纸板剪三个圆盘：一个红色圆盘，字母按照顺序排列；一个蓝色圆盘，字母随机排列；还有一个更小的盘辅助旋转。在每个圆盘中心打一个洞，用一个两脚钉把它们连在一起。很容易吧？

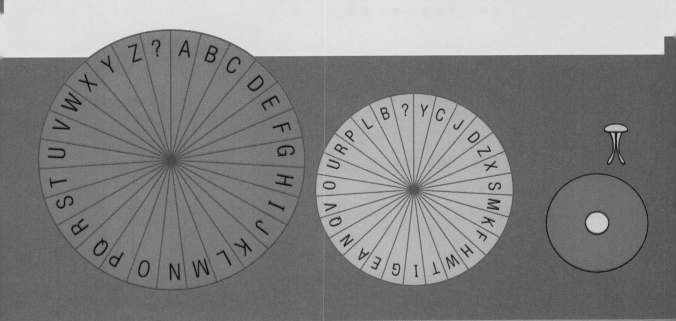

制作
字母表！

字母是构成语言的基础。每个字母就像一块砖，但每一个又是不同的！

有什么比创建出只有我们自己才能认识的字母更有趣的呢？

这是一种非常个性化的编码，斯马特和罗博非常喜欢。

看一看：他们用自己发明的字母表，把英文名拼出来了。

为什么不发明自己的字母表呢？也许大人能帮你。用你喜欢的东西来激发灵感吧！比如，你可以用运动标志来制作你自己的字母表。

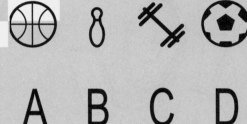

A B C D

请试试用下面的字母表拼出你的英文名：

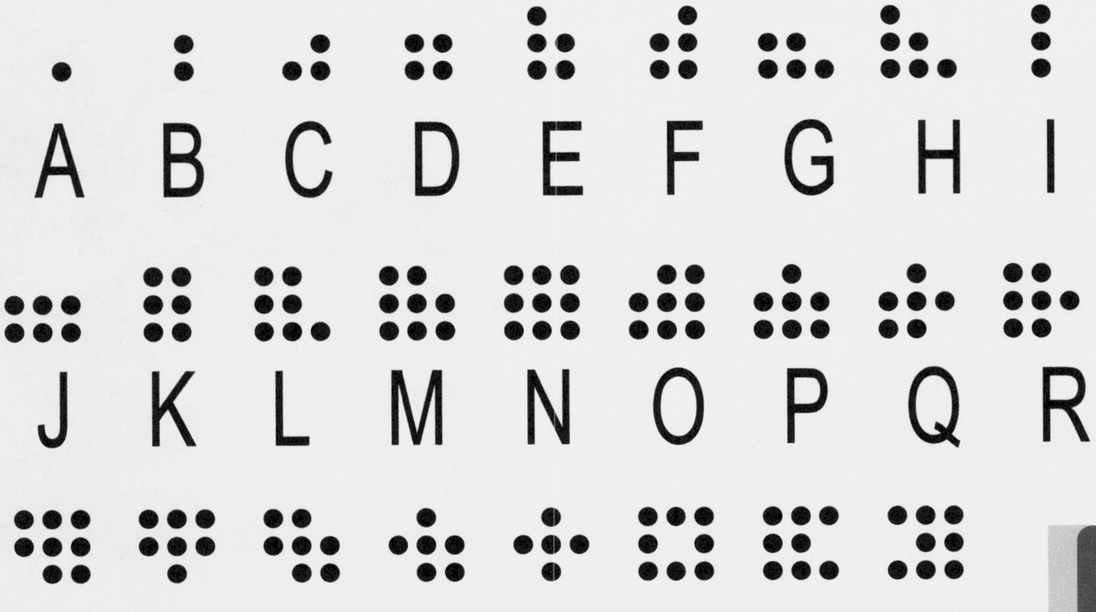

发明新语言！

之前，我们已经制作了一个字母表，现在我们可以把写的东西加密了。那是不是说，我们可以发明一种全新的语言了？

你知道吗？全世界有70多亿人，有6000—7000种语言。

然而，我们每天都在发明新的语言。想一想我们发的信息。

我们在文本中使用的符号可以构成一种新的语言。

例如，今天早上，斯马特给罗博发短信说：
?→ ?
罗博回复说：
22 ! ?

通过这样的信息我们能互相明白彼此的想法。为什么不试着用表情符号、标点符号来组成一个句子呢？如果必要，还可以用数字。

翻译：

“罗博，你哪天去学校？”

“我22号去。你呢？”

做色子

我们不只是为了玩游戏做色子，这也是了解变量工作原理的一种方式。

例如，请用它玩第32—35页的游戏。

做色子也很有趣，我们一起来试一试：

1.请拿出一张打印纸，打印图形。

2.使用尺子，准确测量。

3.使用剪刀，小心裁剪。

4.接下来，折叠并用胶水粘贴，做成一个色子。

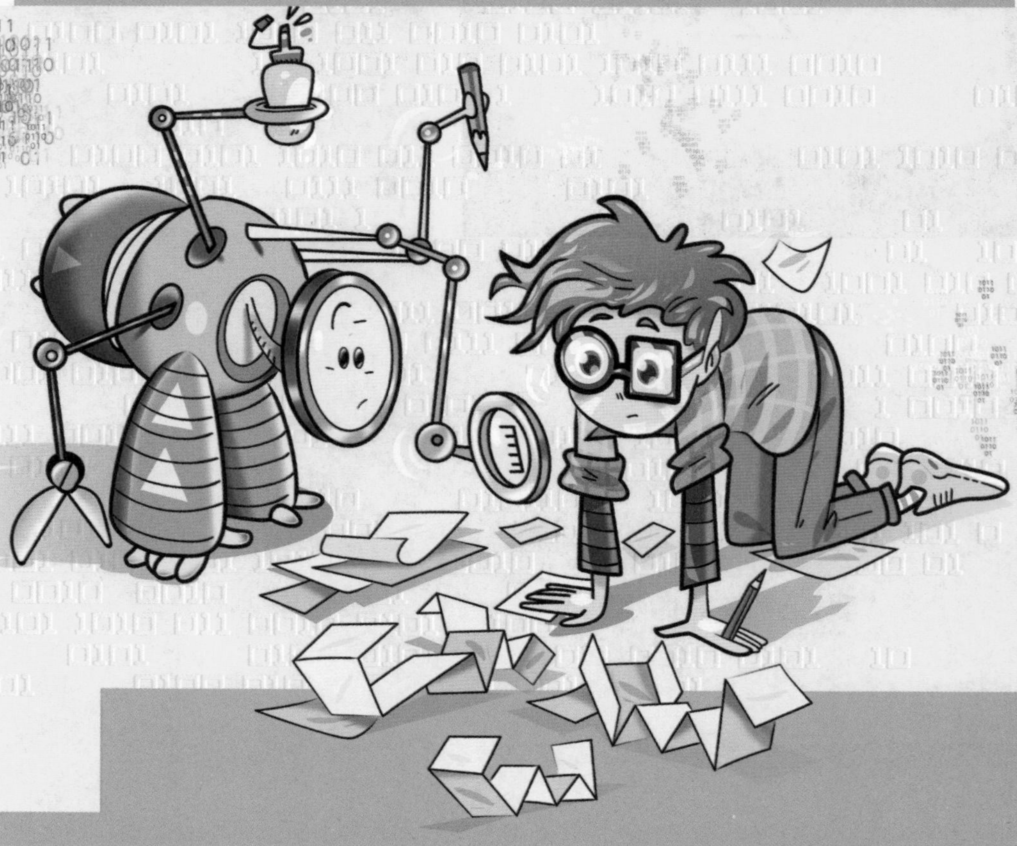

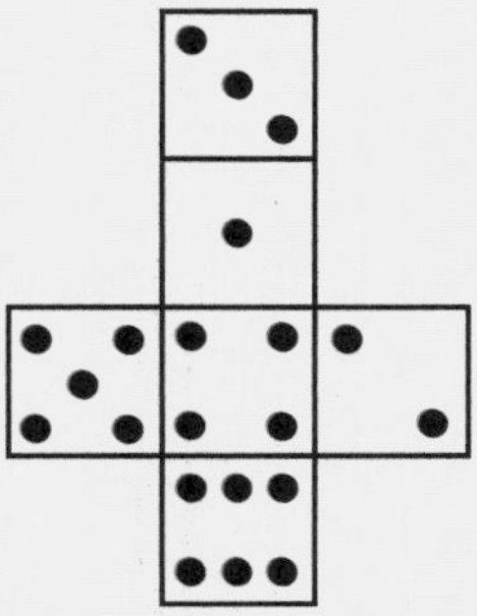

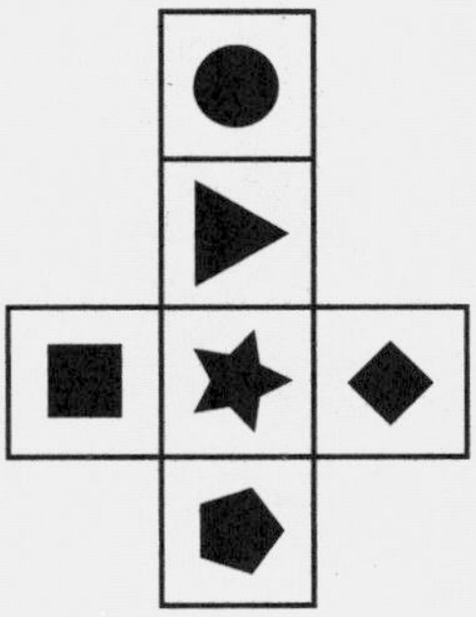

一个色子有六个面，分别刻有数字1—6。当你掷色子的时候，你会随机得到其中一个数字。因此，每当想得到一个随机数字时，就可以用色子。

色子的不可预测性在于它的形状。你可以随意在它的每个面上写数字或画符号。看看这些例子，然后发挥你的想象力做自己的色子！

变量

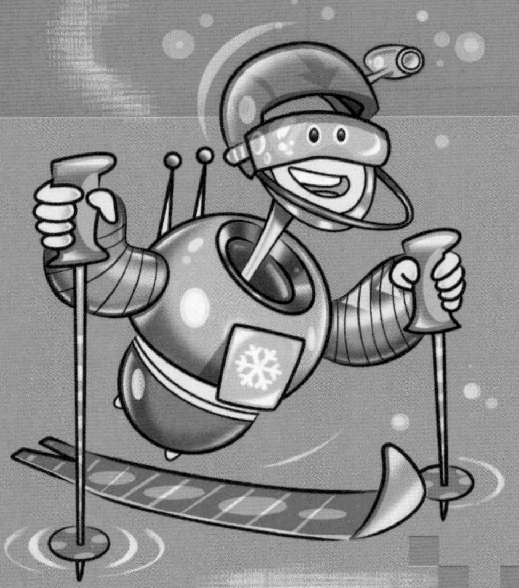

什么是变量？它是一个值，可以根据情况改变大小。

例如，扔在地板上的色子会随机出现一个数字，这些数字的大小是不可预测的。

让我们一起玩个游戏，我们要开始使用变量了。

请把用前面的方法做好的色子拿出来。然后，和一个朋友一起，试试运气。请轮流掷色子，从箭头开始，跟着色子上的数字一起滑下山吧。

游戏指导：

1. 掷色子。
2. 色子上的数字是多少，你就移动几个方格，方向自由选择。
3. 比赛中，你要像滑雪一样经常改变方向：左侧滑一下，右侧滑一下，也就是应该一会儿向左侧方格移动，一会儿向右侧方格移动。
4. 获胜者是第一个到达终点线的人。

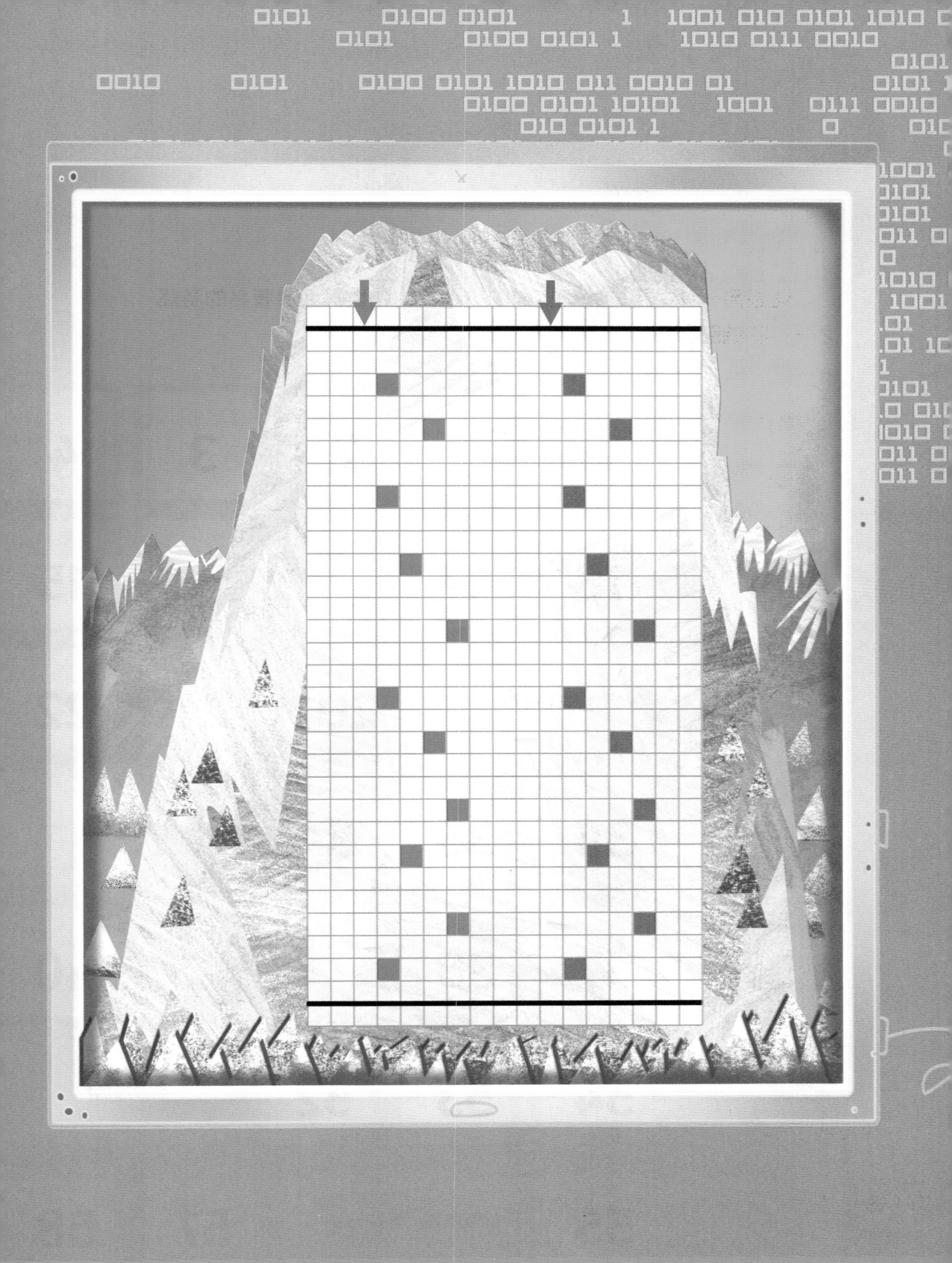
0101 0100 0101 1 1001 010 0101 1010
0101 0100 0101 1 1010 0111 0010
0010 0101 0100 0101 1010 011 0010 01 0101
0100 0101 10101 1001 0111 0010
010 0101 1 0

斯马特和罗博的赛鹅图游戏

这是另一种常用的处理变量的方法，也是世界上最著名的游戏之一：**赛鹅图游戏。**

在这个游戏中，你扔出的色子上显示的数字是多少，就向前移动多少个格子；走到某些格子上需要按照提示做。第一个到达终点的人获胜。

你可以和朋友一起玩。每个玩家都可以做自己的游戏道具。例如，你的游戏可以像右边这样，那么你只要把内容写在纸板上，剪下来就行。

最好走到有数字的地方，但是如果你走到有文字的地方，就要小心！**仔细读读上面的提示吧！**

有一些特殊的方格也要注意：如果你走到蓝色的方格，你可以前进三格，但是如果你走到红色方格，你就得后退三格。

6	银河灾难：回到起点！	8	9
暂停1个回合	12	11	好运降临：再来一次！
24	银河灾难：回到起点！	26	27
好运降临：再来一次！	30	29	28
42	好运降临：再来一次！	44	45
49	48	银河灾难：回到起点！	46
60	61	暂停2个回合	结束了！再来一局吗？

漏洞（BUGS）！

漏洞是隐藏在代码中某个地方的错误。

优秀程序员的工作就是在漏洞来破坏之前找到它。

有时，这些漏洞隐藏得很好，很难找出来。所以我们需要学习怎样找到它们。

罗博正躲在一群机器人里，帮斯马特把它找出来！

找漏洞！

有一个坏人在我们的程序里徘徊，那就是漏洞。

漏洞是一个很难发现的错误，它让我们的程序运行不顺畅或根本无法运行。

让我们自己练习找到漏洞是很重要的：要成为一个真正优秀的程序员，我们必须成功地发现藏身在编码中的那些漏洞！

为什么程序中的“漏洞”英文为“Bug”？

Bug一词的原意是“虫子”。现在，在电脑系统或程序中，如果隐藏着的一些未被发现的缺陷或问题，人们也叫它“Bug”。

1947年，当人们测试“马克二型”计算机时，它突然发生了故障。经过几小时的检查后，著名女科学家格蕾斯·哈珀发现在继电器中有一只死掉的飞蛾。当她把这只飞蛾取出后，计算机便恢复了正常。于是，格蕾斯·哈珀将这只飞蛾粘贴到当天的工作手册中，并在上面加了一行注释，“First actual case of bug being found（第一个发现虫子的实例）”。

随着这个故事的广为流传，越来越多的人开始使用“Bug”一词来指代程序中的漏洞。

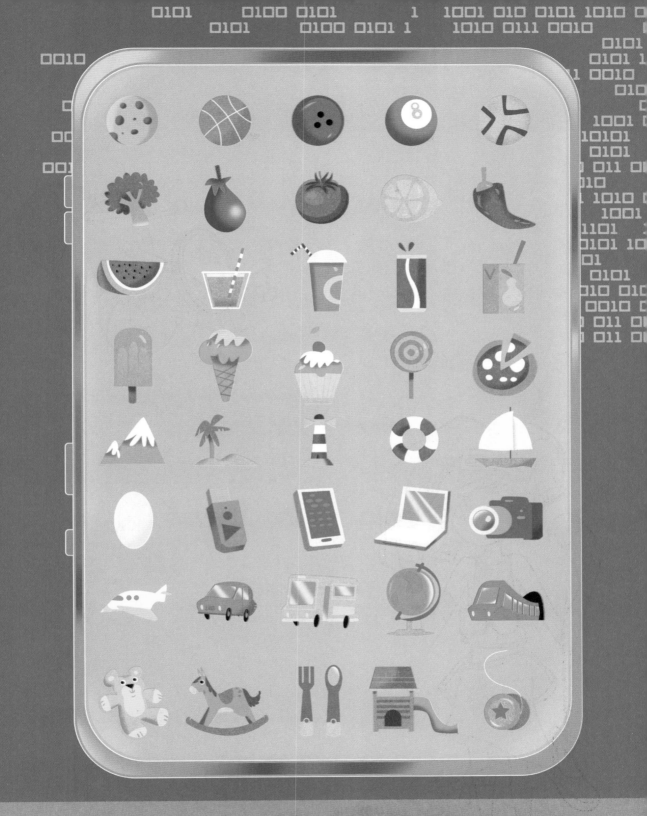

这是一个训练我们纠错能力的游戏。请看这8组图片，每组找出一张不属于这组的小图片。

找错误

你认为“错误”容易找到吗？

让我们看看，当错误藏得非常隐蔽时，我们该怎么做。

请仔细找出错误！

你找到了吗？如果没有，那就把书倒过来看看提示吧！

错误的穿戴位置，比如，手上穿着袜子、鞋子，脚上穿着手套，上衣当成裤子，丝巾系在腿上，眼镜戴在腰间，腰带、裤子戴在头上……

现在你已经知道找到错误并不容易，请试试从下面三个例子中找出错误吧！

bbbbbbbbbbbbbbbbbbbbbbbb
bbbbbbbbbbbbbbbbbbbbbbbb
bbbbdbbbbbbbbbbbbbbbbbbb
bbbbbbbbbbbbbbbbbbbbbbbb
bbbbbbbbbbbbbbbbbbbbbbbb
bbbbbbbbbbbbbbbbbbbbbbbb
bbbbbbbbbbbbbbbbbbbbbbbb
bbbbbbbbbbbbbbbbbbbbbbbb
bbbbbbbbbbbbbbbbbbbbbbbb
bbbbbbbbbbbbbbbbbbbbbbbb

EEEEEEEEEEEEEEEEEEE
EEEEEEEEEEEEEEEEEEE
EEEEEEEEEEEEEEEEEEE
EEEEEEEEEEEEEEEEEEE
EEEEEEEEEEEEEEFEEEE
EEEEEEEEEEEEEEEEEEE
EEEEEEEEEEEEEEEEEEE
EEEEEEEEEEEEEEEEEEE
EEEEEEEEEEEEEEEEEEE
EEEEEEEEEEEEEEEEEEE

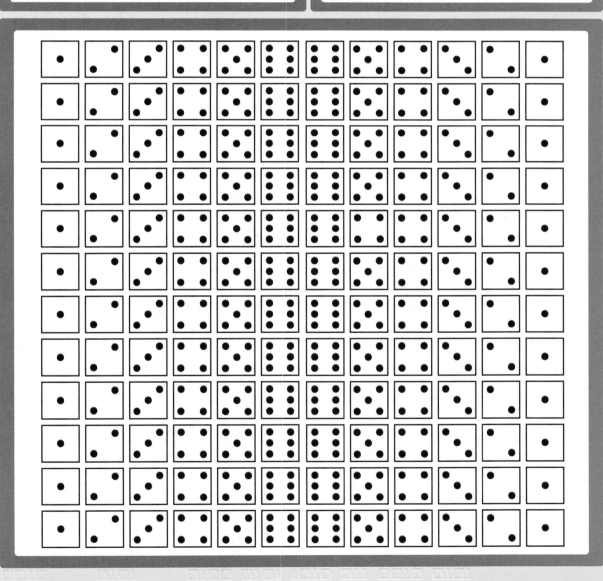

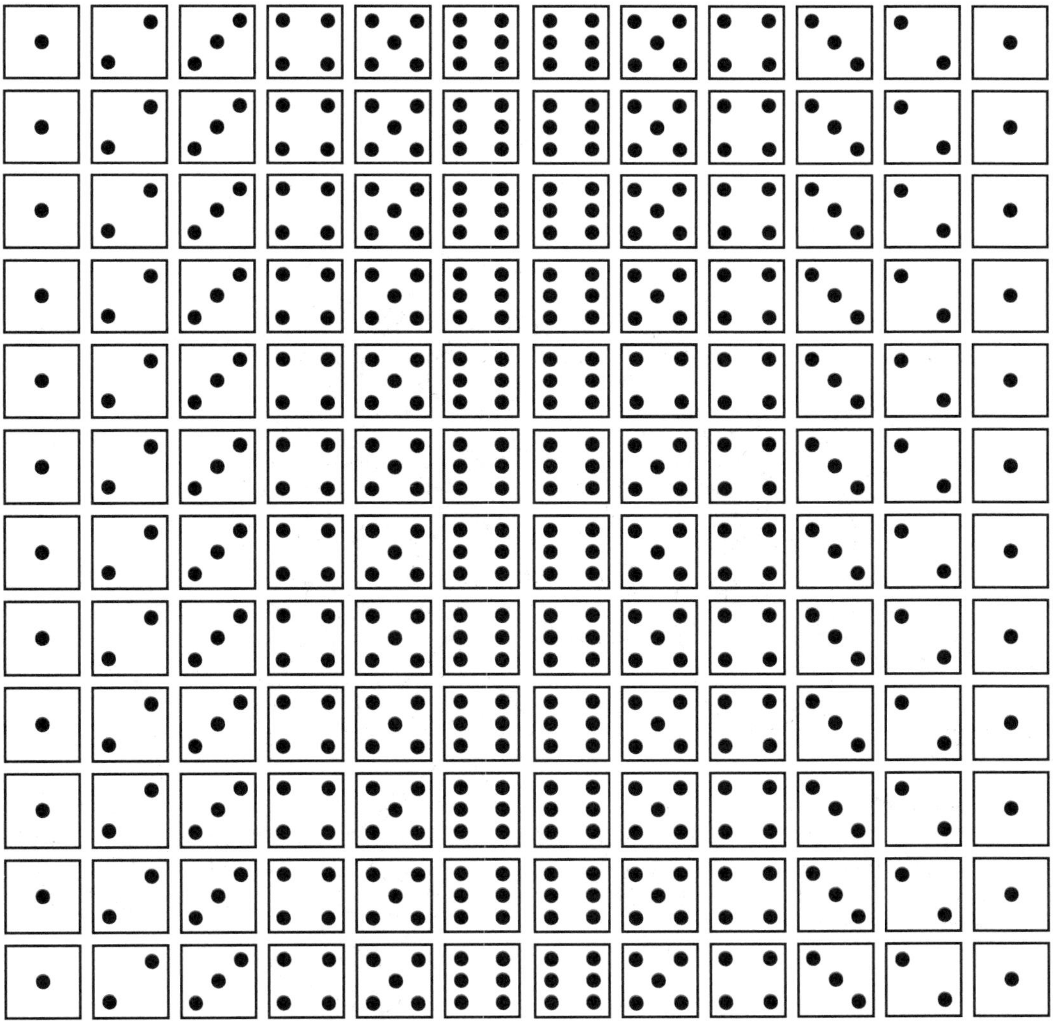

了解Scratch

恭喜你，你已经学会了很多，可以准备进行下一步图形编程了！

在这本书中你已经学到了一些编程的方法：

1. 你可以分辨真假。
2. 你知道先后顺序。
3. 你知道每个因都有果。
4. 你知道什么是变量。
5. 你知道什么是图表。
6. 你知道怎么解决问题。

让我们开始想想如何在计算机上学习更多新知识吧！

斯马特和罗博想给你介绍一位朋友，它将帮助你玩一个有趣的编程游戏，它是只猫。

Scratch的吉祥物！

接下来，我们将与它会面，并了解我们是怎样通过单击鼠标让它做事的！

Scratch能做什么？

近几年来，这只小小的Scratch猫变得很有名！为什么？因为数百万的孩子用它来学习如何通过游戏编程。

它成功的秘诀是什么？

使用Scratch，你无须写命令就可以编程！你所需要做的就是选出适当的模块（每个模块专门用于完成特定的动作），并按正确的顺序放置它们！

什么是模块？

下面举个例子：

如果你想让Scratch猫按照你的计划绕着一个中心点走，你必须用一个普通的文本程序写下以下内容：

- 0-单击旗帜按钮
- 1-向前移动10步
- 2-向右转
- 3-向前移动10步
- 4-向右转
- 5-向前移动10步
- 6-向右转
- 7-向前移动10步
- 8-停止

使用Scratch时，你所需要做的就是拖动这些模块并将它们一个压着一个地摞起来。

就像搭积木一样，这太有趣了，甚至连斯马特和罗博也都喜欢这个程序。

如何使用 Scratch?

以下就是使用的步骤：

Scratch 是麻省理工学院开发的一个编程工具，它把枯燥的代码转变成积木式的模块，提升了趣味性和互动性。

你需要做的第一件事就是把网络连接起来。

第二件事是你需要一台计算机，下载并安装Scratch程序。注意各个版本之间可能会有一些差别，但总体操作步骤是相同的。

第三件也是最后一件事：购买这个系列的第三本书。你将发现更多你想要的Scratch信息，学习如何用模块编程。快去提升你的编程能力吧！

图书在版编目（CIP）数据

玩转编程逻辑 /（意）阿尔贝托·贝尔托拉齐文；（意）萨科，（意）瓦拉利诺图；史晟辉，郭畅译．— 北京：北京时代华文书局，2020.9
（儿童编程思维训练书）
ISBN 978-7-5699-3782-4

Ⅰ．①玩…　Ⅱ．①阿…　②萨…　③瓦…　④史…　⑤郭…　Ⅲ．①程序设计—儿童读物　Ⅳ．①TP311.1-49

中国版本图书馆 CIP 数据核字（2020）第 116949 号

北京市版权局著作权合同登记号：图字：01-2019-7681

Original titles:Coding for Kids - 7-9 years of age
Illustrator:Sacco and Vallarino
Author: Alberto Bertolazzi

儿 童 编 程 思 维 训 练 书
Ertong Biancheng Siwei Xunlian Shu

玩 转 编 程 逻 辑
Wanzhuan Biancheng Luoji

著　　者 | ［意］阿尔贝托·贝尔托拉齐 / 文
［意］萨　科　［意］瓦拉利诺 / 图
译　　者 | 史晟辉　郭　畅

出 版 人 | 陈　涛
策划编辑 | 许日春
责任编辑 | 沙嘉蕊
装帧设计 | 九　野　孙丽莉
责任印制 | 訾　敬

出版发行 | 北京时代华文书局 http://www.bjsdsj.com.cn
北京市东城区安定门外大街 138 号皇城国际大厦 A 座 8 层
邮编：100011　电话：010-64263661　64261528
印　　刷 | 北京盛通印刷股份有限公司　　电话：010-52249888
（如发现印装质量问题，请与印刷厂联系调换）
开　　本 | 787 mm×1092 mm　1/16　　印　　张 | 3　　字　　数 | 88 千字
版　　次 | 2022 年 9 月第 1 版　　印　　次 | 2022 年 9 月第 1 次印刷
书　　号 | ISBN 978-7-5699-3782-4
定　　价 | 30.00 元